AF460326

# DE LA CHAUX

## EN AGRICULTURE.

AUX CULTIVATEURS DU RHONE ET DE LA LOIRE.

# DE LA CHAUX EN AGRICULTURE;

## DES BÉNÉFICES ÉNORMES

*qu'on retire de son emploi.*

PAR

M. LE C[TE] DE FENOYL.

PARIS,

IMPRIMERIE ET LIBRAIRIE DE Mme Ve BOUCHARD-HUZARD,

rue de l'Éperon, 5.

1850

# AVANT-PROPOS.

La question de l'emploi de la chaux en agriculture est jugée aujourd'hui ; tous les pays ont fait connaître les immenses avantages qu'on pouvait retirer de cet emploi bien dirigé. Je présente ici aux cultivateurs les avantages énormes que le chaulage peut faire obtenir ; j'indique aussi la manière d'opérer ce chaulage : je m'adresse à tous les cultivateurs (surtout à ceux de la Loire et du Rhône), désirant voir s'augmenter leur bien-être, s'améliorer leurs récoltes, doubler, tripler leurs bénéfices enfin, sans que leur travail devienne plus pénible, sans que leurs avances soient plus considérables ; j'ai cherché à être compris de tous. — Mes nombreux renseignements ont été puisés dans d'excellents ouvrages ; j'y ai ajouté les faits constatés par moi-même, et les renseignements qui m'ont été donnés par des personnes sûres et de la bonne foi desquelles il ne m'est pas permis de douter. Je n'avance aucun fait dont on ne puisse trouver la preuve. J'espère donc que ce petit résumé sera pris en considération, et que, dans quelques années, grâce aux semences de trèfle et à l'emploi de la chaux, il n'existera plus une jachère et pas un seul cultivateur enraciné dans la vieille routine. Nul, je le pense, ne se refusera de faire usage des procédés que j'indique, et dont je vais démontrer les avantages nombreux.

## DE L'EMPLOI DE LA CHAUX.

Cet amendement double et triple l'énergie du sol et des engrais; mais, pour que l'effet de cette multiplication soit plus grand, il faut que la masse d'engrais, surtout les premières années, soit elle-même assez considérable; il faut que le sol amendé reçoive sa quantité d'engrais ordinaire, ou il n'éprouvera qu'une prospérité éphémère. L'emploi de la chaux doit être fait avec ménagement; des engrais animaux doivent alterner avec lui ou s'y mélanger. Par ce moyen, leur effet est beaucoup accru, et l'avidité du cultivateur ne peut épuiser le sol. Mais cet amendement, outre qu'il semble être un principe universel de fécondité, ce principe calcaire remplirait encore, dans l'harmonie générale, un autre rôle peut-être encore plus important; il maintient la salubrité du sol pour l'homme, et semble capable, par son mélange avec la surface du sol, d'assainir les pays malsains, tels que les pays fiévreux sujets à des fièvres intermittentes, souvent funestes. Eh bien, ces pays assainis seraient bientôt ceux où la population serait la plus heureuse, la plus riche et croîtrait le plus rapidement. La chaux, dans ses combinaisons, est partout regardée comme principe de salubrité; un lait de chaux qu'on passe sur les murs est regardé comme un moyen puissant d'assainissement. Entre les mains de l'habile et courageux médecin Parisot, la chaux a détruit tout miasme pestilentiel et toute émanation contagieuse de la peste d'Égypte ; elle porte donc avec elle partout la salubrité. La chaux enlève au sol son humidité surabondante; elle l'assainit, puisqu'elle lui fait donner les produits des sols sains, en détruisant les mauvaises plantes, les limaces, les larves ou vers et les chenilles.

Il reste sans doute beaucoup à étudier, beaucoup à recueillir dans une question qui intéresse vivement tout l'avenir agricole d'une partie du département du Rhône et de celui de la

Loire; mais le moment est venu où notre travail peut être d'autant plus utile, qu'un grand nombre de cultivateurs, dans leur désir d'employer la chaux, manquent de directions précises. C'est donc là qu'il faut, s'il se peut, porter la lumière; c'est là qu'il faut aider au mouvement; c'est là le but de cet écrit; car la chaux, en agriculture, ne s'établit guère que par imitation et lorsqu'il est toujours trop tard. Combien de belles récoltes avons-nous perdues jusqu'à présent? Nous sommes en retard d'un demi-siècle pour l'agriculture; par cet amendement, avant peu d'années, on verra toutes les landes, les bruyères, les jachères se changer en fertiles campagnes, dans lesquelles d'énormes capitaux répandront l'aisance et le bonheur; de là surgira une belle et nombreuse population; mais de toutes ces conséquences la plus importante sera la fortune et la salubrité de nos belles contrées.

Du temps de l'empire romain, Pline annonce qu'on employait la chaux pour les vignes, les oliviers, les cerisiers, dont elle rendait les fruits plus hâtifs ; mais cet emploi semblait être tout particulier et spécial à ces espèces de plantes. (Je prie M. Eymain, des Halles-le-Fenoyl, jardinier et pépiniériste qui est digne de marcher le premier, d'en faire l'essai.)

## Terrains auxquels le chaulage convient.

C'est un principe généralement adopté, l'application de la chaux est utile à tous les terrains, si ce n'est à ceux d'une nature trop sèche et trop active, si ce n'est encore à ceux qui en contiennent déjà une quantité suffisante, auquel cas son application, pour n'être pas souvent nuisible, est toujours inutile.

La chaux produit les effets les plus satisfaisants, bien entendu que ces terrains doivent être préalablement saignés, l'une des premières conditions. La chaux produit les meilleurs effets sur les sols tourbeux, sur les défrichements, sur les terrains qui ont été longtemps submergés ou boisés, comme sur les champs contenant beaucoup de racines ou couverts de mauvaises herbes ; en général, sur les terrains où il y a quelque chose à détruire et à transformer au profit de la végétation ; en particulier encore, sur les terrains infectés de vermine ; le revenu des terrains auxquels on a donné de la chaux a plus que doublé et triplé ; sur des sols fangeux, que couvraient auparavant la bruyère, la mousse et les plus mauvaises plantes, on voit succéder, immédiatement après le chaulage, les meilleures plantes fourragères ; le marais est transformé en prairie ; des terrains aigus et ferrugineux, que les engrais ordinaires ne sauraient fertiliser, sont bonifiés par un seul chaulage, et les engrais ordinaires y produisent ensuite tout leur effet.

Les terres à seigle qui ne pouvaient produire ni froment, ni pois, ni vesces sont devenues, par le chaulage, de très-bonnes terres à blé ; un terrain méalte ou épuisé peut être remis en état par le chaulage ; un fond chaulé produit moins de son et plus de farine.

Dans les pays de montagnes, on préfère l'appliquer aux terres fortes plutôt qu'aux terres légères, parce qu'elle ameublit convenablement les premières et rend les secondes par trop meubles; dans ces dernières, les plantes ne trouvent plus un appui assez solide, et leurs racines sont mises à nu par le vent. Dans les communes de Saint-Martin-en-Haut, Saint-Symphorien et autres, les avantages du chaulage sont si bien reconnus, que tous ceux qui en ont les moyens ne manquent pas d'y recourir ; aussi l'amélioration progressive du sol est fort remarquable. Bien que la chaux soit le principal moyen de fertilisation pour les terres fortes, argileuses, couvertes d'un fort pelage, vous pouvez aussi l'employer avec succès dans les terrains maigres, sablonneux et argileux légers. La terre chaulée prend de la consistance lorsqu'elle est trop légère, et s'adoucit lorsqu'elle est trop argileuse. Convenablement appliquée, la chaux n'en est pas moins à considérer comme un des plus puissants leviers de l'agriculture ; seulement faut-il que ce levier soit employé à soutenir l'économie de l'exploitation, et non de manière à la renverser ; pour cela, il ne faut pas négliger les denrées de consommation pour les bestiaux, qui rendent à la terre en proportion de ce qu'on lui fait produire davantage.

Le second arrive lorsqu'on veut tout prendre et ne rendre que de la chaux, comme si la chaux seule pouvait produire tout ce qu'on prend à la terre.

Dans les départements de la Mayenne, de la Sarthe et autres, où la chaux est très-chère, puisqu'elle vaut 4 fr. l'hectolitre, en outre un transport qui est de 4 et 8 lieues, les propriétaires de fermes voient que, dans toute la France, l'agriculture, à l'exemple des autres arts industriels, est en travail d'amélioration ; de toutes parts, surtout au moyen de la chaux et des cendres de mines, les fermiers ne pouvant pas faire l'avance de l'achat de la chaux,

1..

les propriétaires en font l'avance à moitié avec les fermiers, et tous s'enrichissent.

Je propose, aux fermiers qui n'auraient pas l'avance nécessaire pour faire les premiers essais, de venir à la mine de Sainte-Foy-l'Argentière (Rhône) échanger leurs blés, leurs avoines et leurs seigles contre de la chaux; la commune y gagnera par ces marchés et le moulin à vapeur pourra encore échanger sa farine. Je dis la mine de Sainte-Foy, comme toutes les mines qui sont près des terrains qui ont besoin de chaux; mais, dans les environs de Sainte-Foy, nous avons déjà beaucoup de fours à chaux, et j'espère en voir le double en 1851. La chaux m'est tellement connue en agriculture, que je ferais beaucoup de sacrifices pour le bien de ma contrée.

**Cultures auxquelles il convient d'appliquer le chaulage.**

On donne la chaux aux pommes de terre, au seigle, aux pois, aux navets, à la navette, aux trèfles, aux chanvres et aux jachères, on n'en fume pas moins comme à l'ordinaire ou un peu moins; les pommes de terre fumées sont chaulées, en été, immédiatement avant le buttage, moins cependant à leur profit qu'au profit du seigle qui doit suivre; lorsqu'on chaule les pommes de terre dans une jachère retournée, on en obtient non-seulement un produit considérable, mais encore les pommes de terre sont d'une qualité supérieure et contiennent une plus grande proportion d'amidon; aux champs de navets et de navette on donne la chaux avant la semaille et le fumier après. L'influence de la chaux sur les navets est très-remarquable; on chaule ordinairement les pois lorsqu'ils sont levés et déjà assez développés, autrement on chaule le terrain qui les a produits pour la récolte qui doit suivre. Il faut reconnaître à la chaux une action particulière et très-énergique sur toutes les plantes; elle active leur croissance et leur fait prendre le dessus sur toutes les autres plantes; on le remarque surtout pour les prairies; le colza, les chanvres, les lins, les fourrages de toutes les espèces, les trèfles, les choux, les raves doublent par son emploi; on applique souvent la chaux à la jachère, particulièrement à celle réservée pour la navette; un chaulage en couverture (c'est-à-dire compost ou tas de chaux recouvert avec de la terre) a produit une récolte considérable; il fallut semer très-clair, pour éviter le couchage du froment semé ensuite; les pois semés après le froment devinrent trop drus; le seigle semé après les pois donne deux fois la semence; après le seigle, on obtient encore une belle récolte d'orge et d'avoine, et en dernier un beau trèfle. Ainsi six belles récoltes successives pour un chaulage ajouté à une fumure ordinaire. Il faut chauler les betteraves, si vous voulez en avoir de belles. — L'influence du chaulage sur les sols légers est tellement constatée par l'expérience, surtout pour les navets, les pois, les fèves et le trèfle, que, dans les contrées où il est usité, on ne cultive jamais ces plantes sans les chauler. Dans les contrées montueuses, on l'applique à la culture de toutes les plantes à larges feuilles.

De deux pièces de sol semblables, l'une seulement fumée et l'autre seulement chaulée, la première rend à peine les frais de culture, tandis que la dernière produit un fort beau bénéfice. L'action de la chaux est particulièrement surprenante sur le trèfle, surtout lorsque le chaulage a eu lieu à la culture préparatoire; appliquer la chaux est préférable au plâtre même. En général, on peut admettre que la chaux a plus d'action que le plâtre sur les terrains secs et froids, et que le plâtre agit plus que la chaux sur les terrains chauds et meubles; si vous voulez rompre une prairie, vous l'appliquerez avant le second labour.

L'une des premières conditions de succès est l'égouttement complet du fond. Dans un sol dont les eaux superflues des pluies ne s'écoulent pas avec facilité, l'effet est plus que nul ; il reparaît bien, il est vrai, dans les années sèches, mais toujours faut-il qu'un temps pluvieux n'ait pas régné pendant les semailles ni pendant le moment de la grande croissance des plantes.

**Divers moyens d'employer la chaux sur le sol. — Chaux en compost.**

Cette méthode est la plus usitée dans presque toute la France, surtout dans la Mayenne, la Sarthe, où les terres sont comme celles du département de la Loire et une partie du Rhône : par exemple Saint-Martin-en-Haut, Saint-Symphorien et autres villes. La chaux en compost ne nuit jamais au sol et porte avec elle ce surplus d'engrais que demande le surplus de produit; les sols légers graveleux ou sableux ne peuvent jamais en être fatigués. Aucun pays ni aucun auteur ne l'accusent, employée dans cet état, d'avoir nui au sol; enfin ce moyen me paraît le plus sûr, le plus utile et le moins dispendieux d'appliquer la chaux en agriculture. Les composts préparés quelques mois d'avance sont beaucoup plus fécondants que ceux qui se font au moment de les répandre; ils réunissent toutes les circonstances favorables à la formation des sels, à l'humidité convenable, à l'ameublissement et la faculté de laisser passer les eaux surabondantes.

### Quantité de chaux à employer.

La quantité, pour certaines terres, peut être de 15 à 20 hectolitres par hectare; on peut en mettre davantage, surtout dans les jachères et les champs qui sont restés longtemps sans culture. — Vous renouvelez cet amendement tous les trois ans. Voici le procédé usité dans les pays les mieux cultivés, surtout dans les départements où la chaux vaut 3 fr. l'hectolitre, et qui réunit tous les avantages des chaulages sans offrir aucun des inconvénients : il consiste à faire des composts de chaux *en terre ou terreau* ou curage des fossés, étangs, mares, nettoyages des haies, raclages et balayages des routes, mais secs, cendres des mines (ces grands amas sont connus sous le nom de *tombe* ou *compost*). Si l'on ne peut s'en procurer en quantité suffisante, on les remplace par des terres végétales ramassées à la surface que l'on veut chauler ; ou elle présente la plus grande épaisseur ou elle peut se reformer le plus facilement par l'action entraînante des eaux pluviales. Pour former le compost, on fait un premier lit de terre de 1 pied à peu près d'épaisseur; on recouvre ce lit de 1 hectolitre de chaux ; sur cette chaux on place un second lit de 5 hectolitres de terre ou amas du genre que je viens d'indiquer ; vous continuez de la même manière pour les 15 ou 20 hectolitres; vous recouvrez toujours la chaux d'un quart ou d'un cinquième de terre ou amas; vous procéderez de la même manière pour les 15 ou 20 hectolitres que vous devez mettre par hectare; cet amas doit être préparé plusieurs mois d'avance avant de le mélanger avec la chaux; vous renouvelez ce compost tous les trois ans. Si vous voulez chauler tous les ans, vous n'en mettez que 5 par hectare; si c'est tous les neuf ans, vous mettez alors 45 hectolitres de chaux par hectare, et 200 hectolitres de terre ou d'amas. Si vous avez de la cendre de mine, ce qui est excellent pour tout, surtout pour les prairies, ne négligez pas cette fortune, habitants de Sainte-Foy; faites un compost de chaux et de cendre de mine; mettez ce compost dans vos prairies, et vous en verrez le résultat au bout de huit à dix jours. Ce compost commence à fuser; il faut boucher les trous avec des pelletées de terre, et deux ou trois jours après il faut saisir le moment du beau temps pour couper le tas et en mêler entièrement toutes les parties. Si on tardait trop à faire cette opération, la chaux, rendue moins pulvérulente par l'humidité qu'elle aurait acquise, se mêlerait moins bien au terreau; mais, une fois qu'elle a été faite, la chaux n'a plus rien à craindre des pluies ni des chaleurs. Habituellement on recommence l'opération au bout de huit à dix jours, et quelquefois même on le refait une troisième fois. Ce compost éteint peut rester longtemps avant d'être étendu sur la terre.

Au moment des semailles, lorsque les champs ont été labourés et hersés, on y amène le composé qu'on dépose par petits tas sur une série de lignes parallèles, à six pas les uns des autres; on amène ensuite le fumier qu'on dispose de la même manière entre les premières lignes; on étend et on mêle le tout ensemble, mais il ne faut pas enfouir la chaux trop profondément, puis on laboure pour semer. Il faut que le fumier soit étendu avant la semaille; le fumier est toujours en proportion un peu moindre que le compost. *On épanche le fumier le premier* et le compost dessus. Si le temps est sec, cela est préférable ; cependant on peut le mettre soit avec, soit avant, soit après la chaux, mais ne pas enfouir la chaux ; on sème et on recouvre le tout par un labour ; mais la chaux placée sur le fumier est préférable ; elle double l'énergie, et le grain repose immédiatement, germe et pousse dans une couche de fumier et de chaux terreautée. Toutes les conditions se trouvent réunies pour un prompt effet sur la végétation. Après avoir préparé la terre comme je viens de le dire, la première année vous semez du froment, la seconde de l'orge, du seigle, de l'avoine, et la troisième une semence de trèfle. Une terre engraissée avec de la chaux doit produire, au bout de deux ans, trois fois plus que celle qui n'aura pas été chaulée, et plus le chaulage se continue, plus le fond s'améliore et les récoltes sont productives, vous doublez et triplez votre fortune.

Lorsqu'on chaule pour la navette, les navets ou d'autres graines grasses, il n'est pas avantageux de les mettre en contact immédiat avec la chaux, à cause de son action dissolvante sur les substances huileuses. Pour éviter cet inconvénient, il est nécessaire d'incorporer préalablement la chaux avec la couche supérieure du sol. Dans un champ où vous mettez du froment, vous pourrez y ajouter, au mois de mars, du trèfle.

## Deuxième manière de distribuer la chaux sur le sol et de la répandre à la pelle

LORSQU'ELLE EST FUSÉE.

C'est vers le mois de juin qu'on la place sur le champ. On dispose la chaux sur le sol par petits tas, en rang ; chaque tas éloigné de son voisin de huit pas environ. On la recouvre de terre, puis on la répand lorsqu'elle est fusée, après quoi un ou deux hersages sont nécessaires et suffisent ordinairement pour bien distribuer avec égalité la terre qui couvre et la chaux recouverte. La terre qui couvre doit avoir 6 pouces à 1 pied d'épaisseur, suivant la grosseur du tas, et qui équivaut à cinq fois le volume de la chaux éteinte. Pendant les huit ou dix jours ordinairement nécessaires à la chaux pour se réduire en poussière, on visite ses tas et on remet de la terre sur les fentes que la chaux, en se gonflant, a ouvertes. Lorsque la chaux est réduite en poussière, le moyen est de recouper les tas avec la pelle pour opérer le mélange de la chaux avec la terre, et on répand le tout après quelques jours d'attente avant le dernier labour de jachère. Cette manipulation a une grande importance et assure l'effet de la chaux sur la récolte; au lieu de deux labours, vous pouvez herser.

Il faut aussi, autant que possible, mettre du fumier. On étend ces tas d'aussi bonne heure qu'on le peut dans la saison, parce que l'expérience a prouvé que, pour que les chaulages soient efficaces dès la première année, il faut que la chaux ait été mélangée en avance avec le sol et qu'elle ait eu le temps de le disposer à produire.

**Compost des cendres des machines à vapeur et de la chaux.**

Les composts de cendres et de chaux sont particulièrement employés sur les prairies et les graines de mars à la même dose, c'est-à-dire 4 hectolitres de chaux par hectare, mélangée avec de la cendre de mine, de bois, de tourbe.

**Troisième moyen de réduire la chaux en poussière.**

Dans quelques pays on emploie la chaux après l'avoir laissée étendue spontanément sous les hangars; ce procédé entraine de nombreux inconvénients : la chaux fusée est d'un chargement difficile, se perd en route, s'envole au vent, et incommode même quelquefois gravement lorsqu'on la répand ; cependant ce moyen est employé dans plusieurs départements. Il faut d'abord mettre le fumier sur la jachère et faire tous les labours ordinaires, éparpiller votre chaux et semer votre blé, le tout en même temps.

### Moyen de parer à ces inconvénients.

Je trouve qu'il y a un moyen de parer à une grande partie de ces inconvénients et qui offre encore l'avantage de permettre d'employer la chaux immédiatement sur le sol au moment où on l'y conduit en pierres. Pour cela on conduit, la veille de la semaille, la chaux sur le sol ; on amène sur le terrain, avec une voiture, la chaux et un cuvier plein d'eau. On met la chaux de chaque tas dans un panier à anse, qu'on trempe dans l'eau jusqu'à ce que la chaux commence à éclater ; on verse alors chaque tas à sa place. Cette chaux, ainsi préparée, peu d'heures après est en poussière ; on la répand alors et on fume ou l'on fume auparavant. Si l'on craint la pluie, on sème et on recouvre le tout aussitôt, sinon la récolte et le sol gagneront à laisser la chaux sur le fumier s'essorer et recevoir un peu de soleil; l'effet immédiat sur la récolte sera plus assuré. Mieux vaudrait encore étendre la chaux au moyen de l'eau de fumier.

### Remarque à faire sur l'extinction de la chaux par immersion.

Nous remarquerons que l'extinction de la chaux par immersion double au moins le volume de la chaux; mais cette poudre, humectée, perd un tiers de son volume. On peut employer ce moyen. La main-d'œuvre est très-peu considérable; on peut même l'employer sur les composts; mais il ne faut pas le faire lorsque le temps devient pluvieux, vous compromettriez votre chaux.

Dans une partie de l'Allemagne et de la France, on emploie la chaux en poudre sur les trèfles; il y a évidemment tout avantage à tremper chaque pierre de chaux dans l'eau , afin de pouvoir, dès le lendemain, la répandre en poussière sur le sol ; cette poussière de chaux tend à se grumeler à la première pluie ; il faut en mettre une dose plus grande.

### Remarque sur le chaulage.

En Angleterre comme ailleurs, dans la France, l'expérience a constaté que les terres chaulées depuis deux ans n'avaient besoin que d'une quantité beaucoup moins considérable d'engrais animaux et végétaux. Dans certains départements, on met de la chaux tous les ans et on fume tous les deux ans. Je sais qu'il y a des propriétaires qui ne fument que tous les deux ans, et d'autres qui ne fument pas ; on me fit voir, entre Coblentz et Trèves, des terres qui, depuis huit ans, avaient été chaulées tous les trois ans , n'avaient jamais reçu d'autres engrais et produisaient néanmoins des récoltes satisfaisantes de céréales; dans ce système, il faut une jachère complète tous les trois ans. Le sol soumis à ce système est rouge, sec et sablonneux; dans ce pays on ne donne pas de chaux aux terres privées du soleil, elle n'y est que nuisible; l'on donne à ces champs de la cendre à laquelle on attribue une action utile.

Si la chaux n'agit d'une manière si favorable que sur les sols secs et sablonneux, cela paraîtraît tenir à la propriété qu'elle posséderait de les lier et de les rendre moins perméables à l'eau; mais il faut cependant sur tous les sols légers, si vous ne mettez pas de composts qui offrent toute garantie, couvrir la chaux de terre et la mélanger, avant de la répandre, avec la terre qui la couvre, pour avoir de beaux froments et de très-beaux seigles.

**Époque des chaulages.**

C'est sur la jachère et pour la semaille des céréales d'hiver que la chaux semble produire le plus d'effet; mais pour que, dès la première année, l'action en soit très-sensible, il faut que la chaux ait été préparée, répandue et mêlée au sol plusieurs mois à l'avance. Le mieux donc est, si on ne peut pas faire de compost, de la placer sur le sol dans le mois de juin, de la couvrir de terre, de la répandre lorsqu'elle est fusée et mélangée avec la terre qui la couvre et l'enterrer par un léger labour suivi de tous ceux ordinaires de la jachère, afin que, pénétrant toutes les parties de la couche végétale, elle fasse avec elle et l'humus toutes ses combinaisons, et que les racines des céréales puissent y trouver, tout formés, les éléments favorables qu'elle produit par sa réaction dans le sol; mais, si un espace de quatre mois avant la semaille d'automne tend à accroître et faciliter l'effet de la chaux sur la récolte d'hiver, l'avantage du temps pour les composts est encore plus remarquable, et tout celui qui s'écoule avant leur emploi augmente encore leur énergie.

C'est au printemps qu'il faut employer la chaux en compost sur les céréales d'hiver; cet emploi de la chaux est devenu usuel sur un grand nombre de points, et il est essayé sur un plus grand nombre. Mais les premiers essais ne réussissent pas toujours ; il suffit que le sol soit mal égoutté, que l'année de l'essai soit trop humide, que la chaux ait été mouillée avant de la répandre, que le sol l'ait reçue en pâte au lieu de la recevoir en poussière, ou même qu'elle ait été trop profondément enterrée, pour que l'expérience ne réussisse pas, et qu'on en tire, pour tout un pays, des conclusions qui retardent souvent d'une génération l'emploi de l'amendement.

Il serait donc à désirer que ces essais, qui peuvent décider de l'avenir d'un pays, se fissent avec beaucoup de soin, en réunissant toutes les conditions nécessaires pour permettre, d'après leurs résultats, de juger sainement la question.

### Du second chaulage au bout de dix ans.

Lorsque le champ chaulé revient à l'état où il était avant l'opération, que les mêmes végétaux parasites y reparaissent, que les récoltes baissent dans leurs produits, il est temps de revenir à la chaux. On conçoit que du second chaulage dépend la dose du premier; lorsque la dose a été petite, il faut, comme les Flamands et les Manceaux, la recommencer en entier; lorsqu'elle a été forte, on peut la réduire de moitié. On doit d'ailleurs, dans cette circonstance, prendre conseil de l'état du sol et de l'expérience, parce qu'il est des terrains qui demandent et consomment de plus fortes doses de chaux que d'autres; elles doivent être faibles dans les sols légers et sablonneux; elles peuvent, sans inconvénient, être fortes dans un sol argileux.

En général, la terre demande par an 4 hectolitres de chaux par hectare; au bout d'un temps plus ou moins long, le sol en aura reçu assez pour n'en avoir plus besoin pendant un certain espace de temps. Au second chaulage, le propriétaire mettra pour condition que dans les terres légères la chaux ne sera employée qu'en compost; cette précaution suffira pour garantir son sol contre les suites fâcheuses d'une culture avide et exigeante, comme il devra mettre dans son bail que son fermier ne fera que tant d'hectares de trèfle, car vous n'aurez plus de jachères.

Dans la Bretagne, pour semer un arpent de 51 ares, il faut 5 doubles décalitres de froment.

## Conclusion.

Mon but, en publiant ces pages, a été de convaincre les cultivateurs mes compatriotes qu'ils ont, dans l'emploi de la chaux, une ressource que rend plus précieuse encore l'éloignement des grandes villes où se trouvent les engrais ordinaires, qui, d'ailleurs, ne peuvent pas y suppléer : qu'ils se servent donc avec confiance de ce procédé bien ancien, mais encore nouveau pour eux, ils en recueilleront les fruits; heureux moi-même si, en leur découvrant par écrit quelque lumière, je puis contribuer tant soit peu au bien-être d'hommes si utiles, le bien de mes compatriotes me sera une douce récompense.

R. F.

www.ingramcontent.com/pod-product-compliance
Ingram Content Group UK Ltd.
Pitfield, Milton Keynes, MK11 3LW, UK
UKHW020216180726
13838UKWH00005B/2015